Inhalt

Baumhöhlen-Krötenlaubfrosch, Phrynohyas resinifectrix

Die Laubfrosch-verwandstchaft

Jedermann kennt Laubfrösche. Doch kennt er sie wirklich? So vielfältig ist nämlich diese Froschfamilie mit ihren weit mehr als 600 Arten. Fälschlicherweise werden die meisten Frösche, denen die Menschen begegnen, mit „Laubfrosch“ tituliert, dabei sind gerade die Vertreter dieser kletternden Lurche relativ selten einmal zu erblicken.

Gewöhnlich verbindet man mit den als Feuchtlufttiere bekannten Amphibien – wie deren Name schon sagt – die Assoziation vom Leben zwischen Land und Wasser. Und was gibt es in diesem Bereich? Sumpf, Moder, Schlamm, vielleicht ein paar Binsen, Entengrütze etc. Das ist wahrlich kein anmutiger Platz, zumindest wenn man aus menschlicher Position urteilt. So kommt es mitunter dazu, daß diese witschigen Tiere sogar Ekel und Abscheu hervorrufen. Wie sollte man sich denn gar das kleine Abbild eines vermeintlich so unwirtlichen Lebensraumes in Form eines Terrariums ins eigene Wohnumfelt holen, nein, nie! Das ist doch ekelig, das stinkt bestialisch ...

Wer schon einmal die natürlichen Wohngewässer so mancher Aquarienfische gesehen hat, der weiß, daß wir für sie und viele andere Tiere dem Menschen gefällige Pseudolandschaften einrichten, die den Tie-

Wer weiß was über Laubfrösche?

Dr. Hans-Joachim Herrmann

Tetra Verlag GmbH

Frontcover: Salomonen-Rotaugenlaubfrosch, *Litoria thesaurensis*

Backcover: Marmor-Laubfrosch, *Hyla marmorata*

Fotonachweis:

Alle Bilder vom Autor

Sandgrubenweg 5, D-49143 Bissendorf-Wulften

1. Auflage 2000

Druck: Mediaprint Paderborn

ISBN: 3-89745-176-X

Agalychnis annae

Hyla lanciformis

ren nicht schaden und ihnen das Ausleben ihrer biologischen Bedürfnisse ermöglichen. Bei den meisten Laubfröschen muß man dabei gar nicht so weit entfremden, denn insbesondere die tropischen Arten leben in den schönsten Biotopen, die sich ein jeder so prächtig als Schmuck des eigenen Zuhauses wünscht. Diese Froschlurche bewohnen nämlich die Wipfel der Bäume. Dort, wo die schönsten Bromelien und Orchideen blühen, wo farbige Vögel und prächtige Schmetterlinge ihr Leben im von der Sonne durchfluteten Blätterdach führen, sind Laubfrösche die Aktiven der Nacht. Doch davon später mehr.

Die meisten Laubfroscharten bewohnen den amerikanischen

Kontinent. Wie fast alle Tiergruppen entwickelten sie die größte Artenvielfalt im tropischen Regenwald, doch auch der Norden Amerikas ist nicht arm an Arten. Dennoch gibt es diese Froschfamilie auch auf anderen Kontinenten. So haben sie in Australien eine ebenfalls bemerkenswerte Vielfalt erreicht und eroberten dort sehr unterschiedliche Lebensräume. Europa und Nord- bis Ostasien sind ebenfalls Teile ihres Areals, doch hier manifestierten sich nur wenige Spezies. Schließlich gibt es noch im Norden Afrikas ein laubfroschhöffiges Terrain, doch der schwarze Kontinent wird vor allem von Ruder- und Riedfröschen besiedelt, die jene Nischen besetzten, die andernortes von den Laubfröschen eingenommen sind. Das gilt auch für die südlichen Teile Asiens, wo die Ruderfrösche als ökologische Analoga die höheren Amphibienetagen bewohnen.

Hylidae ist der wissenschaftliche Name für die Familie der Laubfrösche, und weil die Vielfalt dieser Amphibien so groß ist, teilten sie die Fachleute in vier Unterfamilien ein: Beutelfrösch (Hemiphractinae), Ma-

Hyla heilprini, ein Antillen-Laubfrosch

kifrösche (Phyllomedusinae), Australien-Laubfrösche (Pelodryadinae) und schließlich Echte Laubfrösche (Hylinae). Diese Unterfamilien unterscheiden sich nicht nur in ihrer Entstehungsgeschichte sowie teilweise in der Verbreitung, sondern unter anderem auch durch ihre Fortpflanzungsbiologie, doch dazu später mehr.

Das Leben im Blätterdach

Es sind also die schönen, teilweise skurril anmutenden, sogar prächtig grell gefärbten Frösche, die auf Bäumen leben. Sie sind Teil der zauberhaften Welt der Baumkronen. Und da ist es doch nicht mehr vorteilhaft, wieder in den Sumpf hinabzusteigen, in düstere Gewässer! Wer einmal den Platz an der Sonne erobert hat, muß ihn verteidigen, seine Anpassung ausbauen, ihn möglichst nicht mehr verlassen müssen.

So wird also hier gelebt: Laubfrösche schlafen im Geäst. Sie fressen hier, indem sie Insekten und andere Beutetiere verfolgen – sacht und lautlos kletternd oder mit zielgerichtetem Sprung. Die klebrige Zunge und die relativ harten Kiefer unterstützen das Fixieren der Nahrung, die sodann unzerkaut hinabgewürgt wird. Haftpunkte an Finger- und Zehenspitzen wirken wie kleine Vakuumsauger, die dem selbst durch Adhäsion an glatten Oberflächen, etwa bei großflächigen Blättern, fest anliegenden Körper der Tiere sicheren Halt verleihen. Laubfrösche kommunizieren auch miteinander in luftiger Höhe; die Männchen stülpen ihre ein- bzw. mehr oder weniger zweiteiligen Resonatororgane, die

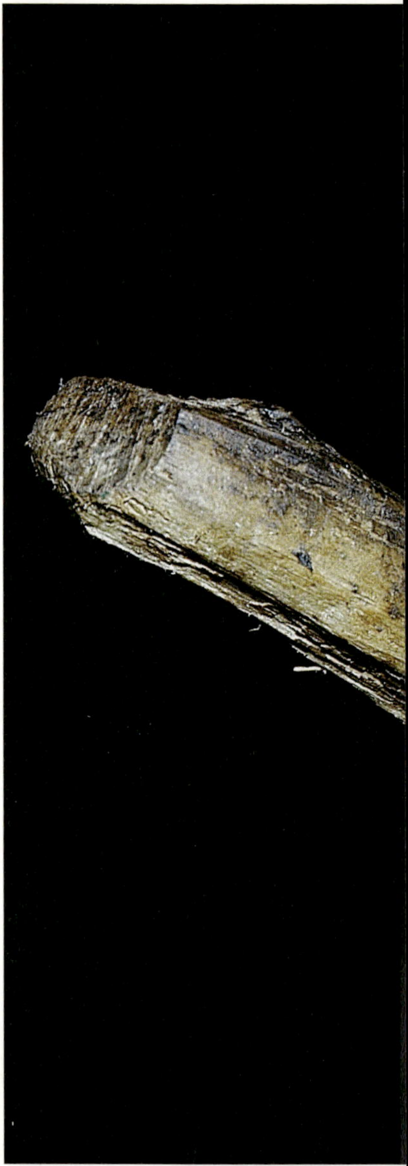

Schallblasen, aus, um ihre Paarungsrufe damit weithin vernehmbar zu machen. Und sie paaren sich auf Blättern und Zweigen, in Asthöhlen und inmitten des dichten Bestandes von Epiphyten. Viele Arten positionieren ihre Gelege irgendwo in lichter Höhe.

Dennoch sind eine Reihe von Laubfröschen darauf angewiesen, zur Paarung Gewässer aufzusuchen. Sie wandern dann zu bestimmten Zeiten dorthin, um

Riesen makifrosch. Phyllomedusa bicolor

Agalychnis spurelli

möglichst rasch ihre Gelege abzusetzen und zurückzukehren in den eigentlichen Lebensraum. Über die vielfältigen Methoden, die sie für ihre Fortpflanzung entwickelten, wird noch zu berichten sein.

Schließlich gibt es ganz besonders angepaßte Formen, die sich zum Beispiel im Gebirge aufhalten oder in Gegenden, in denen es keine geeigneten Laichgewässer gibt. Vielleicht waren die aber auch bereits besetzt von konkurrierenden Arten, als jene in diesen Lebensraum zu erobern begannen. So entwickelten sich Formen der direkten Entwicklung der Nachkommen am Muttertier.

Andere, in den gemäßigten Breiten vorkommende Laubfrösche mußten kälteresistent werden. Nur wenige Arten überstanden die herben Bedingungen des Winters und konnten an geschützten Stellen auch bei Minusgraden überleben. Das trifft für unseren einheimischen Laubfrosch (*Hyla arborea*) ebenso zu, wie für einige asiatische und nordamerikanische Arten. In Australien und in den Wüsten im Südwesten Nordamerikas und Mexikos haben sich bei manchen Laubfröschen bemerkenswerte Anpassungen an diese trockenen Lebensräume entwickelt. So sind sie vielfach in der Lage, ihren Wasserbedarf stark einzuschränken. Sie fallen in einen Trockenschlaf und sorgen mit unterschiedlichen Methoden dafür, daß möglichst wenig Körperflüssigkeit verdunstet. Das kann zum Beispiel durch eine besonders konzentrierte Absonderung des Harnstoffes in winzigen Tröpfchen sein. Sehr perfekt packen sich die australischen Laubfrösche der Gattung *Cyclorana* in mehrere Lagen der eigenen Haut ein. Sie häuten sich beim Einsetzen einer Trockenperiode mehrfach hintereinander und

Cyclorana novaehollandiae

verbleiben in den transparenten Hauthüllen. Sie sehen dann wie eingeschweißte Lebensmittel aus dem Supermarkt aus. Schließlich verbindet sich die äußere Hülle mit Bodenpartikeln und verkrustet. Ein so „eingeschweißter“ Frosch überdauert viele Monate und benötigt aufgrund seiner herabgesetzten Stoffwechselaktivität in dieser Zeit keine Nahrung.

Doch auch Arten, die im Blätterdach der Regenwälder leben, mußten sich einen Verdunstungsschutz anlegen. Diese nachtaktiven Frösche verbringen den Tag im Tiefschlaf. Nur ein kleines transparentes Feld im Augenlid ermöglicht es ihnen, sich bei Gefahr zu orientieren und gegebenenfalls zu flüchten. Die Frösche schlafen allein oder sogar verpaart mit ihrem Partner. Manche Arten, zum Beispiel einige der Makifrösche (*Phyllomedusa*), leiten ihren Tagesschlaf durch ein Kompfortverhalten ein. Aus Drüsen, die sich in ihrer Rückenhaut befinden, geben sie Lipide ab, die sie mit Hilfe ihrer Arme und Beine auf dem gesamten Körper verteilen. Schließlich glänzen sie wie ein polierter Apfel, und tatsächlich sind es sehr ähnliche Stoffe, wie sie in der sogenannten Wachsschicht der Äpfel zu finden sind, die ihnen als Verdunstungsschutz dienen.

Rotaugenfrösche, Agalychnis callidryas, sind in der Verpaarung tagsüber eingeschlafen

Doch auch manche anderen Substanzen enthält die Haut der Laubfrösche. Manche Arten sind giftig. Ihre bitteren Toxine, die ebenfalls von Hautdrüsen abgesondert werden, hinterlassen in Verbindung mit dem Erleben der oft grellen Körperfärbung einen bleibenden Eindruck bei Freßfeinden, die nun wohl kaum noch einmal einen so bitteren Laubfrosch überfallen werden.

Weitere Sekretinhalte sind Proteine, deren biologische Funktion man noch nicht kennt. Wohl aber bedient sich die pharmakologische Forschung mit diesen in vielerlei Hinsicht als Heilmittel verwendbaren Substanzen. Andere Sekrete enthalten Bakterien- und Pilzwachstum hemmende Bestandteile, die den Laubfröschen dabei helfen, von ihrer relativ feuchten Haut, die ein idealer Nährboden für schädliche Keime wäre, unliebsame Infektionen fern zu halten.

Lebensraum von Hyla regilla in San Diego

Nicht nur der einheimische Laubfrosch, sondern auch viele weitere Arten dieser Familie sind in der Lage, ihre Körperfärbung zu verändern. Das geschieht vor allem als Reaktion auf bestimmte Umwelteinflüsse, zum Beispiel Temperatur, Licht und Luftfeuchtigkeit, aber auch aufgrund innerer Signale – Paarungsstimmung, Hunger oder Sättigung usw. Es handelt sich also nicht um eine Farbanpassung an den Untergund, wie oft fälschlicherweise behauptet wird, sondern um eine Körperreaktion, die „physiologischer Farbwechsel" genannt wird und damit eine sichtbare Reaktion auf unterschiedliche Faktoren, nicht aber die Farbe der Umgebung ist. Tagschlafende Laubfösche sind meist sehr hell gefärbt, um auf diese Weise einen Gutteil der auftreffenden warmen Sonnenstrahlen zu reflektieren. So kommt es nicht zur unerträglichen Aufheizung des Körpers.

Daß Form (flache Gestalt, bizarre Körperanhänge), Farbe (Grün- oder Brauntöne) und Zeichnung (flechtenartige Muster, formauflösende Streifen oder Flecken) zu einer guten Tarnung (Mimese) führen, ist eine andere, treffliche Anpassungsform der Laubfrösche. Doch sie können auch durch spezielle Fortbewegung manches mehr als die meisten anderen Froschlurche. Nicht nur das sichere Klettern und Springen im Geäst, sondern auch ein Abgleiten durch die Luft nach dem Sprung vermögen manche Arten perfekt auszuführen. Dabei

erreichen sie zum Beispiel den Nachbarbaum und damit ein einen neuen Standort, der vielleicht mehr Nahrung, Geschlechtspartner oder Laichorte verspricht. Besonders gute „Flieger“ sind etwa *Agalychnis spurelli, Hyla miliaris* und *Phrynohyas venulosa*.

Wie ist das nun mit dem Laubfrosch als Wetterprophet? Diese schon seit Jahrhunderten vermutete Eigenschaft ist natürlich nicht gegeben. Dennoch reagieren Laubfrösche auf Wetterveränderungen. Sie bemerken einen starken Luftdruckabfall und beginnen dann zu rufen. Da es sich für viele Arten als wichtig erweist, schon vor dem Einsetzen des Regens an einem lange Zeit ausgetrockneten Laichgewässer einzutreffen, um nicht anderen diesen so wichtigen Ort zu überlassen, reagieren sie rechtzeitig und kommen von den Bäumen herab. Das haben die Menschen in der Vergangenheit beobachtet und daraus geschlossen, man könne diese Tiere in Gläser mit Leitern sperren, um durch die Sitzposition

Biotop von Litoria thesaurensis auf Guadalcanal, Salomonen

Bromelien, Farne, Monstera und Hoya sind ideale Pflanzen für ein Laubfroschterrarium, in dem tropische Arten gepflegt werden

der Frösche einen Anhaltspunkt für das zu erwartende Wetter zu erhalten. So etwas funktioniert natürlich nicht. Umgekehrt machen sich heute Terrarianer die Kenntnis von einem herannahenden Gewitter zunutze, um ihre Pfleglinge rechtzeitig in ein Beregnungsbecken zu setzen und so – unterstützt vom Luftdruckfall – die Fortpflanzung zu stimulieren. Die Laubfroschhaltung im Weckglas gehört also längst der Vergangenheit an. Heute bemühen sich die Terrarianer um eine möglichst optimale Pflege.

Pflege und Zucht

Laubfroschterrarien sollten in der Regel mehr hoch als breit bemaßt sein. Die Behälter müssen feuchtigkeitsbeständig, also am besten nur aus Glas oder aus einer Leichtmetall-Konstruktion bestehen. Feine Belüftungsgaze ist erforderlich, die ein Entkommen selbst kleiner Futtertiere verhindert. Für die meisten Arten ist der Bodengrund relativ unerheblich, da sie sich ohnehin in den oberen „Etagen“ aufhalten. Deshalb empfiehlt sich ein gut durchwaschbarer, nicht allzu

feiner Kies, der regelmäßig durchspült wird, damit sich keine Fäulnisherde bilden. Darin lassen sich Feuchtigkeit und wenig Licht bevorzugende Pflanzen analog einer Hydrokultur einsetzen. Gute Ergebnisse erzielt man mit *Scindapsus, Philodendron, Hoya, Tradescantia, Monstera* sowie einigen *Dracaena*. Trockenere Bereiche, beispielsweise auf Wurzeln, bepflanzt man mit Farnen, die sich oft von selbst ansiedeln (Sporenkeimung) oder kleinen *Crypthantus*. Als sehr rasch wachsender Kletterer hat sich *Ficus*

Gut bepflanzte Epiphytenäste qualifizieren viele Laubfrosch-terrarien zur wunderschönen Pflanzenvitrine

pumila bewährt. Auch das aus der Aquaristik bekannte und im Zoofachhandel erhältliche Javamoos (*Vesicularia dubyana*) erklimmt feuchte Bereiche im Terrarium an Holz und Glasscheiben. Es wächst stetig aus dem Wasserbehälter, wo man es zunächst einsetzen sollte, heraus. Die Kletteräste bepflanzt man mit Bromelien, epiphytisch wachsenden Kakteen und Farnen, die geklebt (Tillandsien) oder mit Moos aufgebunden werden.

Die Rückwand kann nach dem Geschmack des Terrarianers gestaltet werden. Korkplatten, aus Kunstharz hergestellte Relief-Platten, Moosrückwände oder auch schlicht mit Sand oder Kies beschichtete sind möglich. Auch der Zoofachhandel bietet hier eine Vielzahl von Angeboten. Der Wasserbehälter braucht für die meisten Laubfrösche während ihrer „vegetativen" Periode nicht sonderlich groß zu sein – kleine Schalen reichen aus. Der Flüssigkeitsbedarf wird von den Fröschen gewöhnlich durch das allabendliche Besprühen des Terrariums und aus den danach mit Wasser gefüllten Blattachseln bzw. Pflanzentrichtern gedeckt.

Die Beleuchtung ist für Tiere und Pflanzen wichtig. Bei kleineren Behältern von bis zu einem Meter Höhe reichen weiße Leuchtstofflampen aus. Größere Terrarien sollte man mit HQI-Strahlern beleuchten, denn nur von ihrem Licht dringt genug bis zum Boden vor, wo ja auch noch einige Pflanzen gedeihen sollen. Viele Terrarianer nutzen technische Geräte, um das Terrarienklima zu optimieren: Nebelanlage, Temperaturregler, Wasserpumpe mit Filter (oft

Das Verfüttern von Grillen mittels Binzette ist bei sehr zutraulichen Laubfröschen möglich

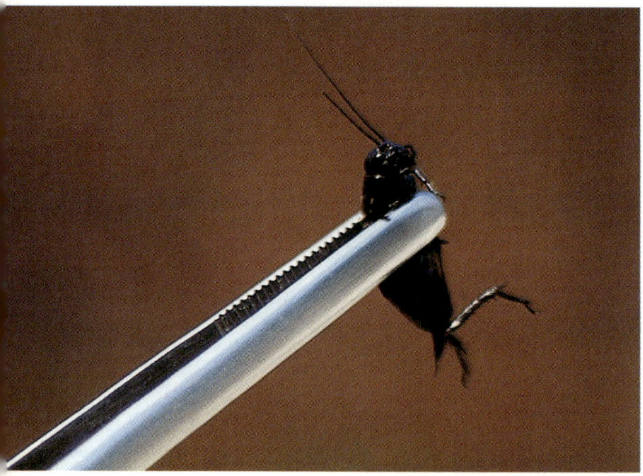

auch ein kleiner Wasserlauf, der stets für hohe Luftfeuchtigkeit sorgt). Selbst Computerprogramme können die jahreszeitlichen Perioden nach detaillierten Angaben aus den Herkunftsorten der gepflegten Arten genau imitieren.

Die regelmäßige Fütterung erfordert ein Futterabonnement oder eine Futtertierzucht. Der auf Terraristik spezialisierte Zoofachhandel führt die gängigen Futtertiere, zum Beispiel Grillen und Heimchen, Wachsmotten sowie deren Larven, Stuben- (*Musca*) und Fruchtfliegen (*Drosophila*) sowie manche weitere Sorten. Während man größere Laubfroscharten mit ausgewachsenen Grillen oder gar Wanderheuschrecken ernähren sollte, genügen für Jungtiere und kleinere Arten Fliegen oder Wachsmotten. Nur einige Arten verzehren ausschließlich nachtaktive Insekten. Ihnen sollte man deshalb keine Fliegen anbieten, weil diese ungefressen im Terrarium verenden. Vielfach hat es sich bewährt, ein paar kleine „Müllschlucker“, leicht zu pflegende bodenbewohnende Kröten oder Frösche, in das Laubfroschterrarium zu setzen, damit auch die im unteren Bereich ankommenden Futtertiere verspeist werden. Alle Futtertiere sollten übrigens mit einem Vitamin-Mineralstoffgemisch eingepudert werden.

Die Dosierung des Futters ist sehr wichtig, da alle nicht nach relativ kurzer Zeit gefressenen Heimchen die Terrarienpflanzen anfressen. Das trifft auch auf Naturfutter zu, sogenanntes „Wiesenplankton“, das man im Sommer auf unbegifteten Flä-

Stubenfliegen – ein ideales Futter für kleine Laubfroscharten

Mitunter heikel als Neuimport: *Hyla vasta*

Darmvorfall bei einem Rotaugenfrosch, *Agalychnis callidryas*

chen mit einem Kescher fängt und in Gläsern oder Dosen auf den Terrarienboden legt. Abgestorbene Futtertiere müssen rasch entfernt werden. Das gilt übrigens auch für den Kot der Frösche. Man findet die kleinen, oft eingetrockneten Exkremente meist an Blättern, die mitunter zu viele Kotstücke nicht gut vertragen. Außerdem soll ja das Terrarium auch ästhetisch wirken. Deshalb sind geputzte Scheiben und sauberes Wasser des Wohnzimmer-Schauterrariums für einen guten Terrarianer Ehrensache.

Durch Streß, falsche Ernährung oder Fremdinfektion kommen mitunter Krankheiten zu-

Die Paarungsstimmung läßt sich bei vielen Laubfroscharten durch die Veränderung von Temperatur und Luftfeuchtigkeit induzieren. Trockenere Haltung (nur wenig Sprühen) und kurze Fastenzeit von ein bis zwei Wochen sind oft ein guter Start für die Zucht. Danach setzt man die Frösche in ein Beregnungsbecken. Dabei handelt es sich um ein Terarium mit relativ großer, wassergefüllter Bodenwanne, dessen einzige Einrichtung in einer großen Pflanze besteht, an der sich die Laubfrösche gewöhnlich aufhalten. Mittels Wasserpumpe erzielt man einen permanenten Wassertage. Um seinen Tierbestand vor eingetragenen Keimen zu schützen, ist eine mehrwöchige Quarantäne neu angeschaffter Tiere in separaten Terrarien empfehlenswert. Importtiere unterzieht man gegebenenfalls einer Kur gegen Nematoden-Würmer (beim Tierarzt erhält man hierfür Mebendazol, Fenbendazol oder Fenbantel nebst Dosierungsanleitung). Für andere Würmer sind schon derbere Medikamente erforderlich, die sehr vorsichtig eingesetzt werden sollten (Panacur, Rhintal und Concurat). Hautschäden lassen sich oft sehr gut mittels Lebertransalbe beheben. Verpilzungen von Augen oder anderer Bereiche begegnet man mit einer antibiotischen Augensalbe, wie sie auch in der Humanmedizin angewendet wird.

Rufendes Männchen von Smilisca baudini

rechts: Jungtieraufzucht von Kuba-Laubfröschen, Osteopilus septentrionalis, mit winzigen Grillen

Frisch metamorphosierter Korallenfinger, Litoria caerulea

kreislauf vom Bodenbehälter über ein Schlauchsystem zu Schläuchen oder handelsüblichen Plastikrohren, die durch kleine Öffnungen das Wasser versprühen. Einige Tage einer solchen künstlichen Beregnung, eine Temperatursenkung um einige Grad sowie kräftige Fütterung sind wichtige stimulierende Faktoren für die Laubfroschpaarung. Rufen der Männchen unter Aufdehnen der Schallblasen, bei einigen Arten das Ausbilden dunkler Daumen- oder Brunftschwielen, ein hektisches, unruhiges Umherklettern bei Nacht und ständige Umklammerungsversuche begleiten die Fortpflanzungsstimmung. Nach einigen Tagen müßte es dann zur Verpaarung, also zum Aufreiten des Männchens auf dem Weibchen ge-

Gelege von Phyllomedusa hypochondrialis in einem gefalteten Philodendron-Blatt

kommen sein. Je nach Art findet man den Laich in der Bodenwanne, an Pflanzenblättern oder gar an einer Terrarienscheibe. Über die Fortpflanzungsbiologie einzelner Laubfroschgruppen informieren die folgenden Abschnitte genauer.

Wassereier, die als Oberflächenfilm, kleine Laichballen oder einzeln am Boden liegend vorgefunden werden, sollte man sogleich in ein Aquarium mit möglichst dem gleichen Wasser überführen, das sich auch in der Bodenwanne des Beregnugsbeckens bcfindet. Eine starke Durchlüftung fördert die Entwicklung der Embryonen. Je nach Art kommt es nach einigen Stunden bis zu einigen Tagen zum Schlupf der Larven. Meist hängen sie zunächst mit Hilfe kleiner Haftpunkte an Aquarienscheiben und Pflanzen. Erst später schwimmen sie frei. Die meisten Laubfroschlarven fressen Flockenfutter für Aquarienfische oder Futtertabletten.

Jene Gelege, die außerhalb des Wassers positioniert worden sind, besprüht man regelmäßig, bis sich die in ihrer Entwicklung weit fortgeschrittenen Larven in den transparenten Eihüllen zu bewegen beginnen. Dann ist der Zeitpunkt des Schlupfes nicht mehr fern. Man hängt das Ge-

Attraktive Larve von Phyllomedusa hypochondrialis

lege über ein kleines Aquarium, in das die Larven tropfen, sich schlängeln oder springen.

Bei der Kaulquappenaufzucht ist zu beachten, daß niemals zu viele Larven in einem Aquarium heranwachsen sollten. In zu dichtem Bestand aufwachsende Larven geben nämlich entwicklungshemmende Substanzen an das Wasser ab, die das Wachstum eines großen Teils der Nachkommen zunächst stoppen. Erst dann, wenn die wenigen sich zielstrebig entwickelnden Larven zur Metamorphose, der Umwandlung zum fertigen, an Land lebenden Frosch, gekommen sind, starten die zurückgebliebenen Larven wieder durch. Leider bleiben dabei jedoch viele Kümmerlinge auf der Strecke. In der Natur hat dieses als „Crowd-Effekt" bekannte Phänomen seine Bedeutung. In austrocknenden Gewässern kommen nämlich wenigestens einige Individuen

Paarung bei Rotaugenfröschen, Agalychnis callidryas

durch, wenn auch auf Kosten der meisten übrigen Kaulquappen.

Wenn bei den ersten Larven die Beine sichtbar werden, ist es Zeit für das Umsetzen in ein Aufzuchtterrarium. Dabei sollte ein flach auslaufender Wasserteil den Landgang der Jungtiere vereinfachen. Nachdem der Schwanz nicht mehr sichtbar ist, heißt es, häufig und reichlich zu füttern. Manche Laubfroschjungtiere sind sofort nach der Metamorphose in der Lage, Futtertiere in der Größe einer Stubenfliege zu verzehren, andere muß man geduldig mit Fruchtfliegen und winzigen Heimchen anfüttern.

In dieser für die Aufzucht kritischsten Phase gibt es mitunter herbe Verluste. Auch diese Erscheinung entspricht den Verhältnissen in der Natur. Dennoch ist jeder Terrarianer bemüht, möglichst viele Jungtiere großzuziehen. Die Fröschchen müssen stets von Futtertieren umgeben sein. Wenn Raum und Futter nicht ausreichen (das gilt übrigens bereits für die Larvenaufzucht) ist es ratsam, einen Teil der Nachkommen an befreundete Terrarianer abzugeben. Weniger gesunde, wohlernährte Jungfrösche, die sich durch kräftige, vitaminisierte Futtertiere gut entwickeln konnten, sind immer ein besseres Resultat als hunderte nicht langelebensfähige Schmächtlinge.

Nun gibt es auch hochspezialisierte Laubfösche, deren Fortpflanzungsbiologie auf bestimmte Bedingungen abgestimmt ist. Am einfachsten ist es, den Bedürfnissen vieler Makifrösche und kleiner Bromelienlaubfrösche zu entsprechen. Sie benötigen Blätter bestimmter Größe, um darauf ihre Eier abzulegen. Viele *Phyllomedusa*-Arten falten Blätter zu Tüten, um so ihre Gelege nahezu unsichtbar und von Verdunstung weitgehend geschützt unterzubringen. An die Öffnungen

Larve des Baumhöhlen-Krötenlaubfrosches, Phrynohyas resinifectrix

Paarung bei Kuba-Laubfröschen, Osteopilus septentrionalis

„Blattüten" legen sie zudem Gallertkügelchen, die wie ein zusätzlicher Feuchtigkeitspuffer für die Eier funktionieren. Oft findet man solche versteckten Gelege gar nicht so leicht, so daß am besten jedes Blatt genau untersucht werden sollte.

Andere Laubfrösche laichen in kleinen Wasseransammlungen, etwa Baumhöhlen, oder sie bauen Ringwälle mit kraterartigen Rändern. Diese Arten sind meist leicht dazu zu bringen, ihre Gelege in die Bodenwanne des Beregnungsbeckens abzugeben. Schwieriger wird es mit solchen Arten, etwa einigen australischen Laubfröschen, die ihre Eier in den Schlamm drücken. Schließlich gibt es noch die Gruppe der Beutelfrösche, bei denen sich die Larven und bei einigen Spezies sogar die Jungtiere bis zur Metamorphose in Rückentaschen oder auf modifizierter Haut des Rückens der Weibchen entwickeln. Hier muß man schon gut beobachten und seine Pfleglinge hinlänglich kennen, um die Trächtigkeit eines Weibchens nach erfolgter Paarung wahrzunehmen. Je nach Art und Entwicklungsmodus muß man schließlich die Weibchen vorsichtig separieren und ihnen vor allem Ruhe gönnen, denn oft werden Eier oder Embryonen, ja sogar relativ weit entwickelte Larven bei Beunruhigung vorzeitig abgestoßen. Sie sind dann außerhalb des mütterlichen Beutels noch nicht lebensfähig.

Laubfrösche Nordamerikas

Die meisten im Zoofachhandel erhältlichen Arten stammen aus Nordamerika. Aufgrund seiner grünen Körperfärbung ist der Karolina-Laubfrosch (*Hyla cinerea*) besonders beliebt. Der weiße Seitenstreifen und kleine gelbe Pünktchen sorgen zudem für sein attraktives Äußeres. Diese Art bewohnt den Südosten der USA und bevorzugt dort Sumpfgebiete. Während der Paarungszeit, aber auch im Sommer halten sich diese Frösche auf dem vor allem durch Wasserhyazinthen gebildeten Schwimmpflanzenteppich stehender Gewässer auf. Man pflegt sie bei ca. 22°C und gewährt ihnen eine Überwinterung bei etwa 14°C. Danach paaren sie sich gewöhnlich rasch. Die Aufzucht der Larven ist relativ einfach. Leider werden selten Nachzuchttiere angeboten. Die meisten im Fachhandel befindlichen Tiere sind an den Laichgewässern abgefangene Männchen. Die deutlich größeren Weibchen findet man nur hin und wieder in größeren Importsendungen.

Weniger farblich attraktiv, jedoch sehr leicht zu pflegen sind Veränderliche Laubfrösche (*Hyla versicolor, Hyla chrysocoelis*). Die doppelte Nennung des wissenschaftlichen Namens hat die Ursache darin, daß unter derselben deutschen Bezeichnung zwei sehr ähnliche Arten, die sich äußerlich nicht wesentlich unterscheiden lassen, gehandelt werden. Nur der Chromosomensatz von *Hyla chrysocoelis* ist anders als bei *Hyla versicolor*. Beide Arten sind in Nordamerika weit verbreitet, erreichen jedoch nicht die pazifische Küste. Im Norden überwintern sie unter ähnlichen Bedin-

Frühlingspiper, *Pseudacris crucifer*

Eichhörnchen-laubfrosch, Hyla squirella

gungen, wie wir sie vom Europäischen Laubfrosch kennen. Man kann diese Tiere also durchaus im Freien überwintern lassen, zum Beispiel in einem geschützten Balkonterrarium. Steht eine solche Möglichkeit nicht zur Verfügung, so empfiehlt sich eine sechswöchige Winterruhe in einer mit nicht allzu feuchtem Moos bestückten Plastikdose im Gemüsefach des Kühlschranks. Die Temperatur sollte dann ca 4°C betragen. Im Sommer vertragen Veränderliche Laubfrösche zeitweilig auch Temperaturen von bis zu 30°C. Nach der Winterruhe legen sie bis zu 2000 Eier in kleinen Ballen, die an der Wasseroberfläche schwimmen. Die Entwicklung bis zur Metamorphose beträgt ungefähr zwei Monate; die Jungtiere sind bereits ca. 1,5 cm groß.

Alle folgenden nordamerikanischen Laubfrösche werden regelmäßig importiert, sind jedoch nicht regelmäßig im Angebot des zoologischen Fachhandels. Sehr beliebt ist eine weitere attraktive Art aus dem Südosten der USA. Der Bellende Laubfrosch (*Hyla gratiosa*) erhielt seinen deutschen Namen aufgrund seiner penetrant lauten Paarungsrufe. Die granulierte grüne Rückenhaut ist von schwarz eingefaßten Kringeln geziert, an den Flanken befinden sich weißschwarz-marmorierte Flächen. Mit bis zu 7 cm Körperlänge gehört die Art zu den größeren Laubfröschen. Die Männchen erkennt man an ihrer gelben Kehle.

Aus derselben Region stammt der Eichhörnchenlaubfrosch (*Hyla squirella*), der sich

oben: Nördlicher Grillenfrosch, *Acris crepitans*, unten: Veränderlicher Laubfrosch, *Hyla versicolor*

bevorzugt in Palmenplantagen der subtropischen Region aufhält. Für die Pflege dieser beiden Arten gilt dasselbe, wie für den Karolina-Laubfrosch bereits geschrieben wurde.

Ein nur hin und wieder importierter Gast unserer Terrarien ist der Vogelstimmenlaubfrosch (*Hyla avivoca*). Die meisten Exemplare sind hellolivgrün gefärbt und besitzen feine schwarze, weiße oder gelbe Zeichnungselemente. Da die Amerikaner keine Nachtigallen haben, begannen sie diese nächtlich rufenden Frösche aufgrund ihrer sehr schönen zwitschernden Rufe zu verehren und verliehen ihnen deshalb auch jenen Namen. Die Art kommt in einem relativ kleinen Areal im Süden des nordamerikanischen Kontinents vor. Vogelstimmenlaubfrösche leben auf urigen Bäumen der Ufervegetation von Flüssen und bevorzugen dabei Zypressen. Es gibt mehrere Lokalformen, die sich anhand der Körpergröße und der Färbung unterscheiden lassen.

In den Steppen und Wüsten der USA sind auch Laubfrösche zu Hause. Sie gehören in ein Trockenterrarium und nur zur Fortpflanzung in ein Beregnungsbecken. Es handelt sich um den bis nach Mexiko verbreiteten Canyon-Laubfrosch (*Hyla arenicolor*) und um den Südkalifornischen Kadaver-Laubfrosch (*Hyla cadaverina*).

Ebenfalls sporadisch eingeführte, vielfach im Terrarium gezüchtete Arten aus Nordamerika, die vor allem bei Tauschbörsen zu erhalten sind, stammen ebenso aus den Südstaaten: Der Königslaubfrosch (*Hyla regilla*) ist nicht nur den Terrarianern, sondern auch vielen Kino-Liebhabern bekannt, denn seine Paarungsrufe werden gern zur stimmungsvollen Untermalung nächtlicher (menschlicher) Liebesszenen verwendet. Die Art wird regelmäßig gezüchtet und produziert mehrere hundert Jungtiere, die sich leicht aufziehen lassen. Überhaupt ist dieser Laubfrosch Anfängern zu empfehlen, denn er paßt sich auch einmal nicht so idealen Bedingungen an. Immerhin kommen diese Amphibien sowohl an der Pazifikküste auf Meeresspiegelhöhe des heißen Kaliforniens ebenso vor, wie in den zügigen, kühlen Höhen 3000 m hoher Berge.

Der Kiefernlaubfrosch (*Hyla fermoralis*) bevorzugt das Flachland, wo er in Kiefernbeständen in Flußniederungen lebt. Seine Stimme erinnert an das Klicken einer Schreibmaschine. Das wird besonders deutlich, wenn mehrere Männchen allabendlich im Terrarium nach dem harten Büroalltag vertraute Klänge ertönen lassen. Diese Art überdauert in den nördlichen Teiles ihres Areals auch harte Winter. Eine zeitweise kühle Haltung empfiehlt sich also in jedem Fall. Das trifft übrigens auch für frisch eingeführte Exemplare zu, da sie meist im März an den Paarungsstellen aufgesammelt wurden, wo es zu dieser Zeit noch nicht allzu warm ist. Die Tiere müssen dann erst langsam an Zimmertemperatur gewöhnt und zum Fressen animiert werden. Der Gebirgslaubfrosch (*Hyla eximia*) bevorzugt eben-

Männchen des Bellenden Laubfrosches, Hyla gratiosa

falls kühleres Klima, denn er kommt in gebirgigen Koniferenwäldern vor. Männchen erkennt man bei dieser Art an den violetten Kehlen. Für die Zucht empfiehlt es sich, in die Bodenwanne des Beregnungsbeckens einige Wasserpest-Ranken einzulegen, denn Gebirgslaubfrösche heften ihre Eier lose an Wasserpflanzen dicht unter der Wasseroberfläche.

Sehr beliebt sind die Frühlingspiper (*Pseudacris crucifer*). Mit maximal 3,2 cm gehören sie zu den Laubfroschzwergen. Der pfeifende Paarungsruf schallt laut durch die Nacht, wenn sich die Tiere paaren. Bei Terrarientieren kann das problematisch werden, da die Frequenz zu jenen Tönen gehört, die von Produzenten elektronischer Wecker als für das menschliche Ohr auf Dauer unerträglich ermittelt wurden. Die Weibchen legen ihre bis zu 1000 Eier an Wasserpflanzen ab, deshalb sollten sich einige Ranken in der Bodenwanne befinden. Schnurartig sind dann die Eier aneinandergereiht, weil sich das laichende Froschpaar schraubenartig um eine Pflanze windet. Bei Zimmertemperatur ist die Entwicklung nach zwei Monaten abgeschlossen. Die Jungfrösche müssen zunächst mit Fruchtfliegen oder winzigen Heimchen ernährt werden. Eine kühle Überwinterung ist selbst

Vogelstimmenlaubfrosch, Hyla avivoca

für aus dem Norden stammende Exemplare nicht unbedingt erforderlich.

Die Nördlichen Grillenfrösche (*Acris crepitans*) erinnern in ihrem zirpenden Paarungsruf an Grillen und erhielten deshalb ihren Namen. Auch sie gehören mit 3,5 cm zu den kleinen Arten. Sie haben ein enorm großes Verbreitungsgebiet und kommen in Dreivierteln der USA vor. Mehr als andere Laubfrösche sind sie an das Wasser gebunden. Ihre aquatische Lebensweise erinnert eher an jene der einheimischen Grünfrösche. Stets halten sie sich in und an Weihern auf, dabei wurden sie zu Kulturfolgern. Die Tiere entwickelten eine enorme Temperaturtoleranz und kommen sogar hin und wieder während des Winters aus ihren bis zu 14 cm tiefen Bodenhöhlen, die sie sich in den weichen Boden am Ufer ihrer Wohngewässer graben.

Nach der Überwinterung, die auch für Terrarientiere erforderlich ist, paaren sie sich. Dabei legen die Weibchen insgesamt ca. 400 Eier in kleinen Ballen ab. Die Larven schlüpfen nach drei bis vier Tagen. In der Natur beträgt die Entwicklungsdauer bis zur Metamorphose je nach Arealteil fünf bis zehn Wochen. Bei Zimmertemperatur ist die Entwicklung nach ca. drei Wochen abgeschlossen. Jungfrösche ernährt man mit kleinsten Grillen und Fruchtfliegen.

Eine Reihe weiterer nordamerikanischer Laubfrösche ist

Karolina-Laubfrosch, Hyla cinerea

relativ selten bzw. wird kaum einmal eingeführt. Eine dieser besonders bemerkenswerten Arten bewohnt Höhlen und klettert nie. Es handelt sich um den Höhlenlaubfrosch (*Pternohyla fodiens*), der bis nach Mexiko verbreitet ist. Seine schwarzen, spornartig ausgebildeten Bruftschwielen im männlichen Geschlecht fallen an den orange gefärbten Fingern auf. Auch diese Art bewohnt relativ trockene Lebensräume, an die sie trefflich angepaßt ist.

Eurasische Laubfrösche

In diese Gruppe gehört zunächst unser einheimischer Laubfrosch (*Hyla arborea*). Trotz seines Rückgangs aufgrund landwirtschaftlicher Maßnahmen, die zur Beseitigung wichtiger klei-

Rufendes Männchen des Europäischen Laubfrosches, Hyla arborea

ner Laichgewässer geführt haben, ist er doch nach wie vor ein wichtiger, gar nicht so seltener Bestandteil der mitteleuropäischen Amphibienfauna. Seine nächtlichen Rufe dringen an die Ohren vieler Menschen, die in ländlichen Gegenden zu Hause sind. Von Anfang April bis zum Juni kann man die Paarungsgesänge vernehmen. Sie werden durch goldgelb gefärbte Schallblasen der Männchen unterstützt. Die ansonsten auf Bäumen, Hecken, im Gesträuch und im Unterwuchs feuchter Laubwälder lebenden Laubfrösche kommen nach Beendigung ihrer Winterruhe zum Boden herab und wandern zielstrebig zu ihren Laichgewässern – meist kleine Weiher und Tümpel mit

Weiden als Ufervegetation. Dort treffen sie dann auf ihre Geschlechtspartner, mit denen sie gemeinsam kleine Laichballen ablegen.

Bis zu 450 Eier kann ein Paar hervorbringen. Die einzelnen Eier haben einen Durchmesser von 0,9 cm. Bei Zimmertemperatur brauchen die Nachkommen ca. 50 Tage bis zum Abschluß der Metamorphose. Die Aufzucht ist zunächst mit kleinen Heimchen und Fruchtfliegen, jedoch schon bald darauf mit Stubenfliegen möglich. Kühler aufgezogene Larven wachsen bei längerer Entwicklungszeit bereits vor der Metamorphose zu größeren Jungtieren heran, die sich leichter füttern lassen.

In Europa gibt es weitere Laubfroscharten, deren Status nicht von allen Fachwissen-

Hyla annectans aus Süd-China

Japanischer Laubfrosch, Hyla japonica

schaftlern gleichermaßen akzeptiert wird. Bei vielen Froschfreunden befinden sich Mittelmeerlaubfrösche (*Hyla meridionalis*) in Pflege. Ihre Zucht gelingt häufig, es handelt sich um eine für Anfänger geeignete Art. Die Naturschutzgesetzgebung schafft allerdings einige Restriktionen. Man sollte beim Erwerb europäischer Arten stets darauf achten, daß gültige Dokumente mitgegeben werden, die den Terrarianer zu Pflege und Zucht berechtigen. Weitere Europäische Arten, die seltener gepflegt werden, sind Tyrrhenischer Laubfrosch (*Hyla sarda*), Variabler Laubfrosch (*Hyla variegata*) und *Hyla savignyi*.

Das ostasiatische Pendant zum Europäischen Laubfrosch ist der Japanische Laubfrosch (*Hyla japonica*), der im Fernen Osten auch auf dem Festland vorkommt. Seine Variabilität in Zeichnung und Färbung ist bestechend. Es gibt in einer Population grau-schwarz gefleckte und hellgrüne Exemplare. Immer wieder fallen auch Farbmangelmutanten auf, die dann gelb oder blau gefärbt sind. Pflege und Zucht dieser Art entspricht weitgehend der des Europäischen Laubfrosches. Wie auch dieser ist *Hyla japonica* für die Haltung und Überwinterung im Freilandterrarium geeignet. Die wenigen weiteren Laubfrösche aus Asien findet man bis auf eine Art relativ selten im Handel.

Häufiger wird jedoch *Hyla annectans* angeboten. Man erkennt sie an den gelb-schwarz gemusterten Schenkelinnenseiten. Diese südchinesischen Frösche entsprechen in ihrer Pflege den soeben genannten Arten. Die Tiere bewohnen unterschiedliche Lebensräume, kommen aber auch weit oberhalb der Baumgrenze im Hochgebirge vor. Dort halten sie sich in *Rhododendron*-Sträuchern auf und laichen in kleinen Tümpeln, aber auch in langsam fließenden Gewässern.

Australische Laubfrösche

Zwei Laubfrösche der australischen Region sind seit vielen Jahren etablierte Terrarientiere. Sie werden in Farmen gezüchtet und sind im ständigen Angebot des Zoofachhandels zu finden. Die ersten Zuchten gelangen seinerzeit mit Hilfe hormoneller Stimulation, als jedoch die Nachkommen bis zur Geschlechtsreife herangewachsen waren, vermehrten sie sich auch mit den herkömmlichen Zuchtmethoden im Terrarium.

Es handelt sich bei diesen Arten um den Korallenfinger (*Litoria caerulea*) und den Neugui-

Männchen von Hyla savignyi

nea-Riesenlaubfrosch (*Litoria infrafrenata*). Beide gehören zu den Riesen innerhalb der Laubfroschfamilie, denn Korallenfinger werden bis zu 10, Neuguinea-Riesenlaubfrösche gar 11 cm groß. Dementsprechend erfordern sie auch eine Fütterung mit großen Insekten (zum Beispiel Wanderheuschrecken), viele Exemplare werden allerdings auch so zutraulich, daß man sie mit der Pinzette füttern kann. Sie nehmen dann sogar vorher gefrostete, aufgetaute Futtertiere oder Mäusebabies an. Bei der Vergesellschaftung mit anderen Arten sollte man sich allerdings vorsehen, denn beide Arten sind in der Natur Froschfresser. Da kann es schon einmal passieren, daß ein kleinerer Artgenosse verschlungen wird. *Litroria infrafrenata* produziert einige tausend Nachkommen, die teilweise eine Nahrungsquelle für die erwachsenen Frösche darstellen. Nur einige Individuen bleiben übrig und erhalten die Population.

Cyclorana platycephala

Beide Arten pflegt man in geräumigen Terrarien mit derben Pflanzen. In der Natur kommen sie nicht nur im Regenwald vor, sondern passten sich auch als Kulturfolger an trockenere Gebiete an. Selbst in Häusern werden sie immer wieder gefunden. Demzufolge versuchten einige Terrarianer mit Erfolg, Korallenfinger frei im Wohnzimmer zu halten. Das gelingt offenbar sehr gut. Voraussetzung

Neuguinea-Riesenlaubfrosch, Litoria infrafrenata

ist allerdings ein stets gefüllter kleiner Wasserbehälter, etwa eine Tonschale, in dem die nachtaktiven Frösche regelmäßig Flüssigkeit nachtanken können. Eine solche Haltung empfiehlt sich allerdings nur, nachdem die Korallenfinger an die Pinzettenfütterung gewöhnt wurden.

Die Zucht beider Arten gestaltet sich heute relativ einfach, da die Terrarienstämme schon trefflich an die Pflegebedingungen gewöhnt sind. Nach kurzzeitiger Trockenperiode setzt man die Tiere in ein Beregnungsbecken, wo sie sich rasch paaren und in der Bodenwanne laichen. Die Jungfrösche sind nach der Metamorphose schon relativ groß, so daß von Anfang an Stubenfliegen gefüttert werden können.

In den vergangenen Jahren wurden die wenig farbenfreudigen Roten Australienlaubfrösche (Litoria rubella) aus dem Norden Neuguineas eingeführt. Heute sind es vor allem einige farbenfreudigere Arten, die durch Nachzucht in unseren Terrarien erhalten bleiben. In erster Linie finden die Australischen Rotaugen-Laubfrösche (*Litoria chloris*) das Interesse der Froschfreaks. Dabei spielt natürlich die aparte Färbung

Litoria chloris

eine entscheidende Rolle. Auch ihre Zucht gestaltet sich offenbar relativ einfach. Auch sie bewohnten zunächst den primären Regenwald Ostaustraliens, bis sie sich auch an die Kulturlandschaft gewöhnten. In der Regel sind anpassungsfähige Kulturfolger auch relativ einfach zu pflegende und züchtbare Terrarientiere.

Die grünen Laubfrösche erhalten regelmäßig den Vorzug bei den Terrarianern. So fand auch Litoria fallax Einzug zunächst bei den australischen Hobbyisten. Diese schlanken Frösche werden nur 2,5 cm groß und kommen aus den tropischen Regenwäldern Queenslands. Man pflegt sie also in dicht bepflanzten Terrarien. Eine weitere grüne australische Art gehört allerdings mit ihren 10 cm Körpergröße zu den Riesen. Es handelt sich um *Litoria splendida*. Die wulstigen Ohrdrüsen älterer Exemplare erinnern an jene der Kröten. Sie haben dieses Merkmal mit den Korallenfingern gemeinsam. Deshalb und aufgrund einiger weitere Charakteristika wurden sie zeitweise in eine separate Gattung (*Pelodryas*) gestellt, man pflegt sie heute allerdings wieder *Litoria* zu nennen. Auch ihre Zucht ist bereits mehrfach gelungen; die Fortpflanzung verläuft ähnlich der von Korallenfingern.

Auch im äußersten Süden Australiens, dort, wo im Winter antarktische Winde schon mal Temperaturen unter 5°C bewirken, gibt es noch Laubfrösche.

Die häufigste, am weitesten verbreitete Art ist *Litoria ewingii*. Inmitten der trockenen Buschlandschaft sind vom Menschen angelegte Wasserreservoire willkommene Fortpflanzungsorte. So findet man diese Frösche in Regentonnen, Feuerlöschteichen und Stadtgräben. Die Stimme der Männchen ist sehr laut und kilometerweit zu höhren. Mit ihrer schmutzigbraunen Färbung und Zeichnung sind diese Frösche bestimmt keine so schönen Tiere wie die grünen Arten, aber auch ihre Pflege gestaltet sich wegen der enormen Anpassungsfähigkeit relativ einfach. Sie werden bis zu 3,5 cm lang.

Eine Reihe von australischen Laubföschen haben ökologische Nischen eingenommen, die in Eurasien oder Amerika von anderen Froschlurchen besetzt sind. Diese fehlen in Australien, so daß sich die einstigen Baumbewohner zurück auf die Erde oder ins Wasser begeben haben. Letzteres trifft insbesondere auf die den Echten Fröschen sehr ähnlichen *Litoria*-Arten zu, nämlich *Litoria raniformis* und *Litoria aurea*. Letztere Art ist als „Goldlaubfrosch" ebenfalls ein traditionelles Terrarientier und wird in Züchtereien vermehrt. Diese Frösche leben analog unseren einheimischen Grünfrö-

Goldlaubfrösche, Litoria aurea

schen stets in der Nähe stehender und langsam fließender Gewässer. Sie flüchten auch ins Wasser. Im Terrarium erweisen sie sich allerdings als hektisch. Sie benötigen geräumige Aquaterrarien mit einem tiefem Wasserteil. Man füttert sie am besten mit Riesenschwarzkäferlarven (*Zophobas*) und großen Grillen.

Die Nische grabender Krötenfrösche nahmen in Australien Laubfrösche der Gattung Cyclorana ein. Sie sind es, die Trockenperioden in der eigenen abgelegten Haut überstehen. Ein typischer Vertreter für diese Lebensweise ist *Cyclorana novaehollandiae*. Die Einrichtung des Terrariums ist denkbar einfach. Man benötigt ausschließlich lockeren sandigen Bodengrund von ca. 20 cm Tiefe sowie eine kleine Wasserschale. Die Art *Cyclorana platycephala* allerdings bevorzugt ein Leben im Schlamm oder direkt im Wasser. Deshalb muß ihr Terrarium sehr weichen Bodengrund und einen geräumigen Wasserbehälter beinhalten.

Eine Reihe weiterer Arten australischer Laubfrösche sind hin und wieder im Terrarium

Betagtes Exemplar des Korallenfingers, Litoria caerulea

Litoria ewingii

Paar von Litoria jeudi, rechts Männchen mit Schallblase

Litoria fallax

gepflegt worden. Meist sind es Arten, die auch im Norden Neuguineas vorkommen, von wo aus sie auch importiert werden. Australien hat nämlich ein extremes Ausfuhrverbot für die meisten Tiere und Pflanzen verhängt. Zu den wenigen gelegentlich nach Europa gelangenden Arten gehören *Litoria jeudii, Litoria peroni* und *Litoria rothi*.

Maki- und Rotaugenfrösche

Zu den spektakulärsten Laubfröschen mit den knalligsten Farben entwickelte sich in den letzten Jahren eine wahre Liebe vieler Terrarianer. Rotaugenfrösche (*Agalychnis callidryas*), die aus den tropischen Regenwäldern Costa Ricas stammen, zieren viele Buchtitel, Zeitschriften, aber auch Werbeposter ganz anderer Branchen. Es handelt sich, wie die Abbildungen dokumentieren, tatsächlich um knallig bunte Frösche. Dennoch muß man wissen, daß man nur wenig von diesen Farben hat, wenn man sich für die Pflege dieser Amphibien entscheidet. Die Frösche führen – wie alle Vertreter ihrer engeren Verwandtschaft – ein strenges nachtaktives Leben. Doch selbst dann, wenn man sie mit der Taschenlampe beobachten möchte, sind sie oft weniger attraktiv gefärbt, denn man unterscheidet eine Tag- und eine Nachtfärbung. Bei Licht schlafen diese Laubfrösche mit dicht an den Körper gezogenen Extremitäten, so daß nichts von der schönen Flankenzeichnung oder von den roten Augen zu sehen ist.

Phyllomedusa trinitatis

Rotaugenfrösche (*Agalychnis*), aber auch viele Makifrösche der Gattungen *Hylomantis, Pachymedusa, Phasmahyla, Phrynomedusa* und *Phyllomedusa* sind in mehreren Generationen von Terrarianern vermehrt worden. Mittlerweile ist ihre Zucht keine Seltenheit mehr. Die Tiere positionieren, wie bereits im Abschnitt über die Zucht berichtet, an Blättern bzw. rollen diese sogar ein (*Phyllomedusa*). Dafür eignen sich besonders gut *Phillodendron* und *Scindapsus*, die man im Beregnungsbecken bereitstellen sollte. Nicht selten klammern die Männchen mehrere Tage lang ihre Partnerin. Mit kurzen, meist nicht allzu

Phyllomedusa tomopterna

unten: Agalychnis lithodryas

lauten Rufen machen sie sich allnächtlich bemerkbar. Aus den unterschiedlich gefärbten (meist jedoch grünlichen) Eiertrauben schlüpfen – je nach Art und Aufzuchtbedingungen – nach zehn bis vierzehn Tagen relativ weit entwickelte Larven. Die Kaulquappen der Makifrösche sind meist sehr schön. Sie besitzen einen hübsch gezeichneten Schwanz mit breitem Flossensaum und weisen pastellene Farbtöne zwischen grün und rötlich auf. Bei guter Aufzucht vollziehen die Nachkommen der meisten Rotaugen- und Makifrösche nach 60 bis 90 Tagen die Metamorphose. Jungfösche haben einen großen Nahrungsbedarf. Im Sommer gibt man am besten gesiebtes Wiesenplankton, weil es gewöhnlich am nahrhaftesten ist, denn Vitamin- und Mineralstoffe dürfen bei der Aufzucht keinesfalls fehlen. Um Infektionen, die hin und wieder auftreten, vorzubeugen, sollten die Jungfrösche in mehreren Terrarien separat aufgezogen werden. Meist sind es viele hundert Individuen, die einen erheblichen Pflegeaufwand erfordern. Sinnvollerweise sollte man späte Gelege (oft laichen die einmal aktiven Paare viele Male hintereinander) an befreundete Terrarianer zur Aufzucht abgeben.

Phyllomedusa hypochondrialis

Ein Terrarium für diese Frösche kann mit Bromelien und auch ansonsten dichter Bepflanzung sehr attraktiv eingerichtet werden. Die relative Luftfeuchtigkeit sollte nicht unter 90% sinken, die Idealtemperatur beträgt 28°C. Alle Arten der Laubfrosch-Unterfamilie Phyllomedusinae leben im tropischen Regenwald Mittel- und Südamerikas. Sie sind demzufolge relativ empfindlich gegenüber Schwankungen der Grundfaktoren ihres Mikroklimas. Manche Arten bewohnen die Bergregenwälder und verlangen es etwas kühler.

Während die in Europa am häufigsten gezüchteten und gehandelten Arten Rotaugenfrosch (*Agalychnis callidryas*) und *Phyllomedusa hypochondrialis* sind, orientieren sich Zuchtfarmen in den USA am Bedarf der dortigen Terrarianer nach größeren Arten. Folgerichtig werden zur Zeit der Warzige Lemurenfrosch (*Phyllomedusa sauvagei*) sowie der Riesen-Lemurenfrosch (*Phyllomedusa bicolor*) zu Tausenden gezüchtet und allerorten verkauft. Leider befinden sich diese Arten aufgrund ihres hohen Preises in Europa bisher nur selten im Angebot.

Die attraktiven Rotaugen- und Makifrösche verführen ihre Pfleger oft dazu, sie Freunden und Besuchern zu präsentieren. Damit diese nicht bei Nacht mit der Taschenlampe spähen müssen, weckt man sie kurzerhand bei Tage auf. Hin und wieder ist das sicher kein Problem, denn auch in der Natur kommen gelegetlich Störungen vor. Doch ständiges Wecken schadet diesen Fröschen, denn sie müssen immer neu ihre Schlafstellung einnehmen, bei manchen wird die schützende Lipidschicht zerstört, so daß so manches in der Physis durcheinander gerät. Sie sind so extrem auf die Aktivität in der Dunkelheit fixiert, daß tagsüber normalerweise keine Nahrung aufgenommen wird. Um dieser Eigenschaft entgegenzukommen, sollte die Fütterung mit ebenfalls nachtaktiven Insekten (Heimchen, Grillen, Motten) kurz vor dem Auslöschen der Terrarienbeleuchtung erfolgen.

In jüngerer Zeit sind Veränderungen in der systematischen Zuordnung vieler Arten dieser Unterfamilie in neue Gattungen erfolgt. Sicher werden neue Erkenntnisse immer wieder zu einem Umlernen zwingen. Vielleicht erscheint dabei tröstend, daß manche Schlußfolgerungen über die Biologie dieser Frösche aufgrund von Beobachtungen erfolgten, die durch Terarianer publiziert worden sind. Damit ergibt sich für manche interessierte Hobbyisten ein sehr interessantes Betätigungsfeld, das weit über die Pflege und Zucht der Rotaugen- uns Makifrösche hinaus geht. Das trifft übrigens nicht nur auf diese Froschgruppe zu!

Warziger Lemurenfrosch, Phyllomedusa sauvagei

Auf Terrarianerbörsen werden regelmäßig auch seltenere Arten angeboten. Einige davon sind hier abgebildet. Beim Kauf sollte man darauf achten, nicht

Phasmahyla exilis

zu magere Tiere (sie dürfen natürlich auch nicht rundlaibig sein) anzuschaffen, da sie möglicherweise bei der Aufzucht vernachlässigt wurden oder gar Infektionsträger sind. Die Haut muß matt und trocken sein. Beim wachen Frosch sollten die Augen ungetrübt und vollständig geöffnet erscheinen. Auch diese Regel läßt sich ebenso für andere Laubfrösche anwenden.

Bromelienlaubfrösche & Co.

Auch die auf Bromelienästen der neotropischen Regenwälder lebenden Laubfrösche sind besonders attraktiv. Allerdings brillieren sie weniger durch allzu

oben: Phyllomedusa rhodei, unten: Paarung bei Rotaugenfröschen, Agalychnis callidryas

grelle Farben als durch filigrane Zeichnungsmuster in pastellenen Tönen. Meist bleiben sie kleiner als vier Zentimeter und sind damit Terrarientiere, die in prächtig bepflanzten Behältern gehalten werden können.

In diese eher ökologisch definierte Gruppe gehören vor allem die terraristisch interessanten Arten *Hyla ebraccata, Hyla leucophyllata* und *Hyla triangulum*. Sie alle zeichnen sich dadurch aus, daß sie sich bevorzugt inmitten der oberen Vegetation aufhalten und kaum einmal zum Boden hinabkommen. Man pflegt sie in dicht bepflanzten Behältern bei einer Luftfeuchtigkeit von nahe 100% und 25 bis 28°C. Als Nahrung dienen kleinere Heimchen und Grillen.

Die Zucht ist relativ einfach, so daß sich insbesondere von *Hyla ebraccata* nunmehr ein stabiler Terrarienbestand herausbilden konnte. Man setzt die Tiere in kleinen Gruppen in ein Beregnungsbecken, in dem sich eine Pflanze mit flächigen Blättern befindet (etwa *Scindapsus*). Die kleinen Frösche paaren sich auf den Blättern und setzen ihre Eier in flachen Ballen ab. Bis zu ca. 250 Eier zählt man in einem Gelege. Der Schlupf erfolgt bereits nach zwei bis drei Tagen. Die Larven lassen sich relativ leicht heranziehen. Nach der Metamorphose sind die Jungfröschchen noch relativ klein, so daß nur winzige Grillen oder Fruchtfliegen gefüttert werden können.

Bromelienlaubfrosch, Hyla ebraccata

Einige weitere Laubfrösche ähneln jenen Bromelienlaubfröschen in ihrer Lebensweise. Sie besitzen auch ähnliche interessante Muster in ihrer Körperzeichnung. *Hyla sarayaquensis* paart sich zum Beispiel weniger auf Blättern als an strukturierteren Pflanzenteilen. Die Eier werden dann perlschnurartig um Stengel, Zweige, an Moos und Rinde verteilt. Während die oben genannten Blattlaicher stets Pflanzen über einer Wasserstelle aussuchen, ist dieser Vorzug bei *Hyla sarayaquensis* nicht immer gegeben. Die Larven erreichen das Wasser nach dem Schlupf durch schnippende

Jungtier von Hyla sarayaquensis

Schwanzbewegungen. Im Terrarium sollte man die Gelege neben oder über dem künftigen Aufzuchtbecken positionieren. Man kann die Pflanzenteile einfach mit einem Draht darüber hängen. Sie sind dann durch die darunter befindliche Wasserfläche stets hoher Luftfeuchtigkeit ausgesetzt.

An dieser Stelle könnten noch viele weitere neotropische Laubfrösche aufgezählt werden, die man in ähnlicher Weise wie die oben genannten Blattlaicher pflegen und züchten kann. Es handelt sich jedoch um kaum einmal im Zoofachhandel angebotene, mehr von den Froschfreaks während der Börsen und Fachtagungen getauschte Arten, die keinen so großen Bestand aufweisen und deren Popularität nur bei Spezialisten wirklich vorhanden ist.

Oben: Jungtier, unten: Erwachsenes Exemplar von Hyla pellucens

Weibchen von Gastrotheca peruana beim Absetzen der Kaulquappen aus dem Rückenbeutel

Beutelfrösche und Verwandte

Ganz besonders interessant ist die Brutpflege bei den Beutelfröschen. Sie entwickelte sich allmählich, und es gibt eine Reihe von Übergangsformen, bei denen zunächst auf einem besonders aufgebauten Stück der Rückenhaut, schließlich aber in abgeschlossenen, nur durch eine kleine Öffnung zugänglichen Rückentaschen Eier und Embryonen ausgetragen werden. Stets sind es die Weibchen, denen diese Aufgabe zukommt. Schon bei der Paarung werden die besamten Eier in die richtige Position auf den Rücken befördert. Im Prinzip ist es dasselbe Ritual bei allen Vertretern dieser Laubfrosch-Unterfamilie. Das Weibchen formt während der Paarungsumklammerung ein Hohlkreuz. Das Männchen transportiert dann die aus der Kloake herausquillenden Eier in die gewünschte Position auf dem Rücken des Weibchens.

Während die Arten der Gattungen *Cryptobatrachus, Stefania* und *Hemiphractus* ihre Eier offen auf dem Rücken tragen, ist bei *Flectonotus* bereits mehr oder weniger eine geschlossene Rückentasche ausgebildet. *Gastrotheca* schließlich besitzt regelrechte Rucksäcke, die ihre Öffnung zur Kloake hin ausgebildet haben. Die Wissenschaftler sind sich noch uneins darüber, ob es sich im Laufe der Evolution wirklich so zugetragen hat, daß eine Rückentaschenform aus der anderen hervorge-

rechts: Gastrotheca monticola

gangen ist, doch sehr wahrscheinlich ist das schon.

Viele Arten sind bereits in Menschenobhut vermehrt worden. Deshalb kennt man die Fortpflanzungsbiologie dieser Frösche ziemlich genau. *Stefania-* und *Flectonotus-*Arten wurden mehrfach gezüchtet. Doch am bekanntesten und beliebtesten sind natürlich die eigentlichen Beutelfrösche der Gattung *Gastrotheca*.

Larve von Gastrotheca peruana

Die meisten Beutelfrösche sind nicht so gute Kletterer. Sie halten sich also auch im Terrarium eher am Boden auf. Viele Arten, die aus höheren Lagen der Anden stammen, sollte man kühler halten. Dabei sind Herkunft und Jahreszeit entscheidend, denn diese Amphibien unterliegen einer gewissen Rhythmik. Bei Nachttemperaturen, die bis zu zehn Grad unter den Tagwerten (je nach Art 18 bis 26°C) liegen, guter Fütterung und passenden, synchronen Geschlechtspartnern kommt es zur Paarung. Beutelfrösche weisen einen Geschlechtsdimorphismus auf, der die Unterscheidung von Männchen und Weibchen rasch ermöglicht. Je nach Art gibt es hier Kriterien, die meist Züchter und Händler gut kennen.

Trächtige Weibchen besitzen einen aufgeblähten Beutel. Je nach Anzahl der Eier (es können innerhalb der Gattung *Gastrotheca* bis zu 140 sein) und Entwicklungsstadium zeichnen sich diese durch die gespannte Rückenhaut des Weibchens ab. Bei den meisten Arten werden die Larven nach dem Schlupf im Beutel nach einiger Zeit in ein Gewässer abgesetzt. Im Terrarium dient dazu eine flache Wasserschale, die sich leicht herausnehmen läßt. Nur so kann man alle Kaulquappen verlustlos bergen und in ein Aufzuchtaquarium umsetzen.

Bei *Gastrotheca riobambae* und *Gastrotheca peruana* dauert diese Entwicklung bis zu 45 Tage. Dann läßt sich mit viel Glück das Absetzen der Larven beobachten. Das Weibchen faßt mit seinen langen Zehen die Haut der Rückentasche direkt am Rand der Beutelöffnung. Die Larven schwimmen aus ihrem bisherigen Domizil wie aus einem Schiffsbug heraus. Sie wachsen nun bei Fütterung mit Flockenfutter rasch heran. Doch einige Arten, die allerdings nur

*oben:
Weibchen von
Gastrotheca
riobambae
mit gefüllter
Rückentasche,
unten:
Weibchen von
Flectonotus
goeldii
mit Eiern auf
dem Rücken*

Trachycephalus jordanii

selten im Terrarium gepflegt und gezüchtet werden, bringen fertig entwickelte Jungfrösche aus dem Beute zutage. Diese hohe Spezialisierung bedingt längere Entwicklungszeiten, doch sie macht auch unabhängig von Gewässern.

Panzerköpfe

Bei unterschiedlichen Laubfroschgattungen findet man das Phänomen eines besonders stark verknöcherten Schädeldaches. Während die Kronenkopflaubfrösche (*Anotheca spinosa*) durch besondere Fortsätze der Schädelverknöcherung auffallen, sind die Köpfe jener Arten, um die es hier gehen soll, relativ flach.

Die Vertreter der Gattungen *Triprion* und *Trachycephalus* besitzen sehr stark verwachsene Schädelknochen, die zudem noch relativ massiv ausgebildet sind. Bei *Triprion*, den eigentlichen Panzerkopflaubfroschen, kommt noch eine absonderlich wirkende, kellenförmige Kopfform hinzu, die diesen Amphibien einen skurrile Erscheinung verleiht.

Wozu dienen aber nun solche „Dickköpfe“? Panzerkopflaubfrösche siedeln im Gezweig der neotropischen Wälder. Um nicht häufig – wie viele andere Laubfrösche – die Beute von Fledermäusen oder Baumschlangen zu werden, entwickelten sie ein bemerkenswertes Verhalten: Bei Gefahr suchen diese Tiere ein Astloch oder eine schmale Baumhöhlung auf, um sich darin zu verschanzen. Dabei werden Öffnungen ausgewählt, in die der Frosch geradeso hineinpaßt. Versucht nun der Feind, seine Beute herauszupulen, so drückt der Panzerkopflaubfrosch von innen seinen Kopf vor die Öffnung. Das harte Schädeldach hält schon mal das Schnabelpicken eines Vogels aus. So schützen sich diese Tiere vor dem Zugriff vieler Feinde.

Im Terrarium ist *Triprion* spatulatus stets ein wenig scheu,

Panzerkopf von Trachycephalus atlas

die *Trachycephalus*-Arten passen sich hingegen den ungefährlichen Bedingungen in Menschenobhut relativ rasch an und verlieren ihre anfänglich hektischen Reaktionen. Terraristische Erfahrungen liegen von *Trachycephalus jordani* und *Trachycephalus atlas* vor.

Man pflegt diese Laubfrösche in geräumigen, gut bepflanzten Terrarien bei hoher Luftfeuchtigkeit und Temperaturen zwischen 25 und 28°C. Als Nahrung dienen Heimchen, aber auch Fliegen und Wachsmotten. Diese Frösche führen oft ein heimliches Dasein, so daß man sie bei der Pflege in größeren Behältern nur hin und wieder einmal entdeckt.

Tropische Artenvielfalt

Der unglaubliche Artenreichtum tropischer Laubfrösche Mittel- und Südamerikas führt zu immer neuen Beschreibungen bisher unentdeckter Frösche. Die Reisenden und manche Tierhändler brachten und bringen manche interessanten Tiere mit nach Europa oder in die USA, wo sie oft erstmals gezüchtet und danach bei den Terrarianern verbreitet werden.

Die meisten dieser Frösche sind attraktiv, besitzen eine

Trachycephalus atlas

oben: Osteocephalus verruciger, unten: Triprion spatulatus

aparte Farbe bzw. Zeichnung, absonderliche Körperform oder ein außergewöhnlich interessantes Verhalten. Meist handelt es sich um Bewohner der Baumwipfel des Regenwaldes, die in einem gut bepflanzten Tropenterrarium am besten untergebracht werden, doch manche stammen aus den Nebelwäldern, so daß sie kühlere Temperaturen bevorzugen. Beim Erwerb solcher Tiere, über deren Pflege noch wenig bekannt ist (und diese werden immer wieder eingeführt), muß man sich mit Hilfe von Fachliteratur über die Lebensbedingungen im Herkunftsgebiet erkundigen. Oft wissen auch häufig reisende Terrarianer bestens bescheid. Erst dann kann man eine optimale Pflege solcher Arten ermöglichen.

Sphaenorhynchus lacteus

Um sehr zarte Laubfrösche handelt es bei *Sphaenorhynchus lacteus*. Diese an Riedfrösche erinnernden, relativ kleinen Tiere sind gut für die Vergesellschaftung mit Baumsteigerfröschen (Dendrobatidae) geeignet. Sie fressen kleine Heimchen und Stubenfliegen im Terrarium.

Auch die Knickzehenlaubfrösche (*Scinax*) werden gewöhnlich nicht sehr groß. Aus dieser Gattung findet man hin und wieder *Scinax rubra* im Handel. Wieder handelt es sich um Kulturfolger, die sich im Terrarium

Frisch metamorphosiertes Exemplae von *Hyla pardalis*

relativ einfach pflegen lasssen. Eine Paarung erbringt bis zu 700 Eiern, die frei ins Wasser abgegeben werden. Bei ca. 28°C schlüpfen die Larven nach ca. elf Tagen. Sie entwickeln sich schnell bei Fütterung von Aquarienfischfutter und sind nach etwa 40 Tagen kleine Frösche.

Andere regelmäßig gepflegte Laubfrösche, die in Mittelamerika beheimatet sind, gehören der Gattung *Smilisca* an. Immer wieder findet man Nachzuchttiere von *Smilisca phaeota* oder *Smilisca baudini* auf Börsen oder im Zoofachhandel. Sie legen über tausend Eier, die einen Oberflächenfilm bilden. Auch die *Smilisca*-Entwicklung dauert ca. 40 Tage bis zur Metamorphose. Auffällig sind bei den Männchen dieser Gattung partiell geteilte Schallblasen (bilo-

Mitte: *Hyla pulchella*

bat), die beim Rufen links und rechts zwei separate Ausstülpungen sichtbar werden lassen.

Von den vielen *Hyla*-Arten , die immer wieder gepflegt und gezüchtet werden, können nicht alle erwähnt werden. Für den Anfänger eignet sich beispielsweise *Hyla pulchella* aus Argentinien. Diese Art ist überaus variabel, am schönsten erscheinen jedoch die grünlich gefärbten Exemplare. Die Männchen rufen nicht allzu laut, so daß eine Pflege in der Wohnung möglich ist. Ebenso empfehlen sich die herrlich orangeroten *Hyla lanciformis*, die schlicht ockerfarbenen *Hyla loquax, Hyla marmorata* mit den an Ruderfrösche erinnernden Hautanhängen, die an Flechten erinnern, die gelbäugigen, etwas hektischen *Hyla crepitans*, die rotäugigen Arten, darunter auch die kleinen *Hyla weygoldti*, *Hyla pardalis* mit der aparten dunklen Fleckung oder die sehr hellen, ein wenig schwarz gesprenkelten *Hyla circumgata*. Manchmal fasziniert auch der erhebliche Unterschied im Aussehen von Jungtieren und erwachsenen Exemplaren. Das läßt sich gut bei *Hyla pellucens*

Scinax acuminatus

beobachten, denn die Jungtiere erinnern mit ihrer transparenten Haut eher an Glasfrösche, die erwachsenen grünen, weiß gepunkteten Frösche gleichen jedoch mehr großen grünen Ruderfröschen.

Bemerkenswerte Pfleglinge sind die Krötenlaubfrösche. Ihre warzige Rückenhaut verlieh ihnen diese Namen. Regelmäßig werden Giftige Krötenlaubfrösche (Phrynohyas venulosa) in zwei hübschen Unterarten eingeführt und gezüchtet. Die Männchen besitzen geteilte seitenständige Schallblasen. Diese Frösche produzieren Toxine in ihren Hautdrüsen, aber auch ein Sekret, das überaus klebrig ist. Man muß sich schon reichlich anstrengen, um seine Hände nach dem Anfassen eines Giftigen Krötenlaubfrosches wieder sauber zu bekommen. Gefährlich ist das Hantieren mit diesen Amphibien nur dann, wenn man das Sekret an Schleimhäute, also etwa in Augen oder Mund bekommt.

Nominatform des Giftigen Krötenlaubfrosches, Phrynohyas venulosa venulosa

Phrynohyas venulosa und die sich gern in Asthöhlen verbergende, hübsche Art *Phrynohyas resinifectrix* sind mehrfach im Terrarium gezüchtet worden. Die Eier werden frei in die Bodenwanne des Beregnungsbeckens abgelegt und können bei guter Durchlüftung separat aufgezogen werden. *Phrynohyas venulosa* produziert ca. 350 Eier, aus denen nach eineinhalb Tagen die graugrün gefärbten Larven schlüpfen. Man ernährt sie mit Flockenfutter und zieht sie bei guter Durchlüftung und einer Temperatur von 26°C etwa 20 Tage lang bis zur Metamorphose auf.

Über viele weitere Laubfroschgattungen aus der Neotropis gibt es Haltungs- und Zuchterfahrungen. Es sind zu viele, um sämtlich vorgestellt zu werden. Knochenkopflaubfrösche (*Osteocephalus verruciger*) legen beispielsweise bis zu 2000 Eier frei in den Wasserbehälter. Die

oben:
Hyla weygoldti,
unten:
Phrynohyas venulosa hebes

Entwicklung dauert 30 Tage bis zur Metamorphose. Eine andere Art derselbenGattung, *Osteocephalus oophagus*, versorgt die Larven mit Nähreiern. Diese Frösche nutzen Wasseransammlungen in Pflanzen als Fortpflanzungsorte. Auch die Larven von *Anotheca spinosa* und *Nyctimantis rugiceps* ernähren sich von Eiern, aber auch von anderen Kaulquappen.

Hyla loquax

Colima-Gespenstfrosch, Pachymedusa dacnicolor

Gladiator-Laubfrosch, *Hyla crepitans*

unten: *Hyla circumgata*

Sporenlaubfrösche (*Plectohyla*) sind für ihre krallenartigen Fortsätze an den vorderen Extremitäten bekannt, die von den Männchen bei Kämpfen mit dem Nebenbuhler eingesetzt werden. Leider fügen sie den Weibchen während der Paarungsumklammerung immer wieder Wunden zu.

Kommentkämfe sind bei Laubfröschen keine Seltenheit. Sie werden auch im Terrarium meist um einen besonders exponierten Rufort oder um ein Weibchen ausgetragen. Manchmal wird dabei ein Tier deutlich zurückgedrängt und beginnt zu kümmern; dann sollte man es separat halten oder an einen anderen Terrarianer abgeben, der die gleiche Laubfroschart pflegt.

oben:
Scinax rubra,
unten:
Phrynomedusa marginata